英国宝石协会和宝石检测实验室

宝石观察指南

陈钟惠 译

中国地质大学出版社

图书在版编目（CIP）数据

宝石观察学/英国宝石协会和宝石检测实验室编；
陈钟惠译. ——武汉：中国地质大学出版社，2004.1（2017.1 重印）
ISBN 978-7-5625-1812-9

Ⅰ.①宝…
Ⅱ.①英… ②陈…
Ⅲ.①宝石-鉴定-指南
Ⅳ.①TS933-62
中国版本图书馆 CIP 数据核字（2010）第 120993 号

宝石观察指南	陈钟惠 译

责任编辑：赵颖弘 赵来时 技术编辑：阮一飞	责任校对：张咏梅

出版发行：	中国地质大学出版社（武汉市洪山区鲁磨路 388 号）邮编：430074
	电话：（027）87482760 传真：87481537 E-mail：cbb @ cug.edu.cn
经 销：	全国新华书店 http：// www.cugp.cn
开本：880 毫米×1230 毫米 1/32	字数：75 千字 印张：2 彩版：17
版次：2004 年 1 月第 1 版	印次：2017 年 1 月第 5 次印刷
印刷：武汉市教文印刷厂	印数：5001-6000 册
ISBN 978-7-5625-1812-9	定价：28.00 元

如有印装质量问题请与印刷厂联系调换

各种刻面宝石
© NHM, London

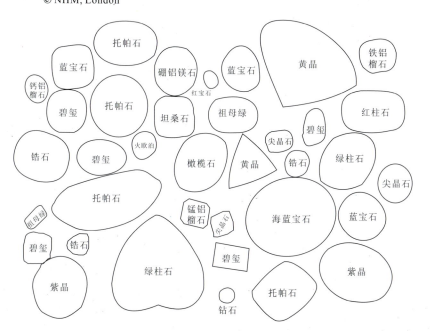

目 录

- 前言 ……………………………………………………1
- 肉眼观察 ………………………………………………2
- 10×放大镜观察 ………………………………………8
- 重要宝石材料清单 ……………………………………13
- 宝石材料按颜色的清单 ………………………………14
- 观察和放大观察的检验单 ……………………………15
- 编写观察报告 …………………………………………31
- 显微镜 …………………………………………………34
- 折射仪 …………………………………………………36
- 分光镜 …………………………………………………39
- 偏光镜 …………………………………………………43
- 二色镜 …………………………………………………45
- 查尔斯滤色镜 …………………………………………47
- 相对密度(比重) ………………………………………49
- 紫外光 …………………………………………………51
- 常数表 …………………………………………………52

宝石观察指南

前　言

英国宝石协会宝石学基础课程实践部分的目的是提供宝石观察和检测以及合理使用宝石检测仪器的基础知识和理解。

基础课程实践部分的另一目的是指导你完成为获得基础宝石学证书所需要的实践环节。当你完成本指南中列出的所有部分后，应填写本指南最后一页上的确认表并寄给英国宝石协会。

函授生可通过参加英国宝石协会伦敦总部的基础课程辅导课，也可通过英国宝石协会认定的联合教育中心（ATC）或联合宝石辅导中心（AGTC）的培训，还可经由英国宝石协会安排在某个考试中心培训，以获得实践部分的确认表。

为帮助学习本课程，学生可从英国宝石协会的仪器公司购买所需的各种宝石、书籍和宝石检测仪器。

Gem-A
The Gemmological Association and
Gem Testing Laboratory of Great Britain
27 Greville Street,
London，EClN 8TN
UK

Tel：+44 (0)20 74043334　　　Fax：+44 (0) 20 74048843
e-mail：edu@gem-a.info
website：www.gem-a.info

1

宝石观察指南

肉 眼 观 察

准备和练习：

（1）仅靠肉眼你就能获得大量的信息。

（2）学会注意更多的细节。

（3）增进和检验你的观察能力。

观察宝石

通过下述的观察，你能：

（1）获得关于宝石的宝贵信息；

（2）成为熟练的宝石观察者；

（3）促进你的宝石学研究；

（4）在商贸或业余阅历的基础上提高。

一些有经验的宝石学家、首饰商或宝石加工师只需看上几眼就能对这是什么宝石提出可靠的意见。一些宝石和装饰材料，例如苔玛瑙或孔雀石，有特征的外观，即便是初学者看上几眼也许就能认出。

许多信息用肉眼观察就可获得，但要记住：
任何人都可能出错。

宝石观察指南

1. 怎样进行观察——观察的技巧

练习观察： 注意并画出你所看到的。

学会灵活的观察，而不要总是把宝石放在背景上观察。

1.1 一些有用的描述用语

透明度

(1) 透明材料 —— 透过宝石能清楚地看到物品。

(2) 半透明材料 —— 宝石阻挡光线透过，故透过宝石只能模糊地看到物品或完全看不到，但总是透亮。

(3) 不透明材料 —— 光完全不能透过宝石。

光泽

光泽是表面反射效应，其明亮度和品质取决于材料的折射率和材料的抛光度或表面条件以及入射光的品质。未知物品的光泽能为有经验的观察者提供鉴别物品的某些线索。用于描述光泽的术语有：

(1) 金刚光泽 —— 由钻石显示的非常明亮的、反射性的光泽。

(2) 亚金刚光泽 —— 通常由锆石和翠榴石等高折射率宝石所显示的明亮的光泽。

宝石观察指南

(3) 玻璃光泽 —— 在抛光的玻璃和大多数透明宝石例如祖母绿和碧玺中所看到的光泽。然而，要指出的是，与祖母绿等宝石相比较，刚玉（红宝石和蓝宝石）以及大多数石榴石和尖晶石可描述为具"明亮玻璃光泽"。

(4) 树脂光泽—— 一些软的宝石材料如琥珀具树脂光泽。

(5) 丝绢光泽—— 一些纤维状矿物如石膏和孔雀石具丝绢光泽。

(6) 金属光泽——由金和银等金属以及抛光的赤铁矿和黄铁矿等宝石材料所显示的非常强的光泽。

(7) 珍珠光泽——天然和养殖珍珠均由晶质层组成。光在表面和近表面处从这些晶质层反射。有时这些微细的结构导致晕彩（见下文）。通常把珍珠的光泽称为珠光（orient）。珍珠光泽也见于某些材料的解理面。

还有蜡状光泽和土状光泽等另一些光泽类型，其含义已从名称本身反映出。

反射和光学效应

(1) 猫眼效应 —— 由光从宝石内部一组平行排列的纤维状或管状包裹体反射所导致。把宝石以合适方向切磨成弧面宝石，反射表现为横穿宝石表面的明亮光带。

(2) 星光效应——由光从宝石内部两组或两组以上平行排列的纤维状或管状包裹体反射所导致。把宝石磨成圆珠或以合适方向切磨成弧面宝石，反射在宝石表面产生星状的效应。

(3) 晕彩（或变彩）——由干涉的光学效应所产生的单色或一系列颜色。

透明的紫黄晶,由
M Dyber切磨,展示
色带和玻璃光泽
© A De Goutiére

透明的祖母绿猫头鹰,
由G Becker加工,展示
玻璃光泽
© A De Goutiére

透明至半透明的琥珀吊
坠,展示树脂光泽
© GTL

已镶的刻面黄铁矿,展
示金属光泽
© P Daly

配有金和钻石的南洋珍
珠,展示珍珠光泽
© B Lang

金绿宝石猫眼
© NHM, London

星光芙蓉石
© J Harris

欧泊,展示变形
© V James

钻石的火彩
© D Garrod

(4) 火彩——所有透明宝石都不同程度地使光产生色散。这在刻面和无色或浅色的宝石如钻石中看得最清楚。一些宝石，当在灯光下转动时，其若干刻面会显示强烈的颜色闪烁。这种效应被称为"火彩"。

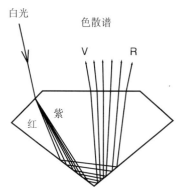

1.2 一些有益的观察训练

（1）当你步行在住宅区、城市或商业区时，注意观察路面类型、门阶、筑路石料、砖房、商店和办公大楼的抛光外层以及老式建筑的石料。观察石头、砖头、混凝土、瓷砖、大理石或花岗岩台阶、路旁镶边石、墙壁外层和地板材料之间的差别。

（2）注意这些建筑材料在结构、光泽、颜色和反射效应上的差别。靠近观察这些材料中单个晶体或碎屑的形状。当你观察宝石材料时，这类细节都是需要的。

（3）当你看到一个珠宝商店时，请停步并仔细朝橱窗内看。那里的宝石的种类应是清楚写明的。

（4）你能看出玻璃和蓝宝石之间，或蓝宝石和钻石之间，再或石英和托帕石之间在光泽上的差别吗？

（5）观察你家中有的装饰材料。它们什么地方让你喜爱？它们为何适用于装饰？

（6）仔细观察镶在戒指上佩戴的宝石。被磨损或弄脏的宝石的外观是怎样的？

（7）注意宝石的颜色。精确的色调会是判断宝石的重要线索。

光照和照射方向对观察宝石是重要的。

宝石观察指南

将一件明亮颜色的物品,例如一条领带或一条围巾,先在钨丝灯下贴近观察,然后立即转到日光灯下观察。你注意到有什么差别吗?

用不同颜色的物品做类似的尝试。诸如红宝石和祖母绿等宝石,在各种各样照明条件下以及在不同国家有明显差别的日光下,其颜色有显著变化。

两种宝石的颜色在日光下可能相似,但在人造光下则可能不相似。要使你自己能够察觉这些肉眼可见的变化。逐渐使自己能看出各种细微的色调。这将有助于你提高鉴别宝石和检测宝石处理和仿制品的能力。

(1)宝石的具体颜色随观察宝石的方向会有变化。例如碧玺和堇青石当从不同方向观察时会显示不同的颜色或色调。

(2)一种宝石的具体颜色会因入射光质量的不同而变化。例如变石在日光下会呈绿色,而在人造光下为红色。

2. 怎样进行观察——灯的使用

尝试使用可调角度的,最好是配有明亮的60W钨丝灯泡的台灯。这将使你有可能看到一个物品特别是透明物品中的许多不同的现象。

手握一个透明玻璃镇尺或装饰品于一片白纸或白布的上方和灯光最明亮部分的下方,其距离要使你的手指感到暖和。你的眼睛要避开灯的眩光。这时你会观察到下列现象中的某些:

(1)从表面的反射,包括灯泡的映像;

(2)表面光泽的品质;

(3)铸模品的表面波纹和模缝飞边;

(4)手指带来的污斑;

(5)切磨和抛光品表面的抛光纹;

宝石观察指南

（6）物品表面或边棱出现的磨损——小的弯曲的缺口和不同长度和深度的表面刻划痕。

现在，在你的手指间转动物品并观察尽可能多的特征。将物品慢慢地朝自己移动，直至物品内部亮起来而表面则相对转暗。将物品置于较暗的背景上。这时你会突然地看到玻璃的一些别的特征，例如：

（1）细小明亮的气泡；

（2）旋涡纹，就像热水倒入冷水中时所见；

（3）如物品是有色的，会看出颜色浓度的轻微变化；

（4）来自任何裂缝的镜面反射。

请记住：当你观察物品时要转动物品，并确保你已观察了内部和外部的每个部分。始终注意转换照明。这使你能观察到突然显现的特征。要训练在观察时最佳地运用照明。

宝石观察指南

10×放大镜观察

你已经花费了一些时间训练或提醒自己注意观察细节。现在你可转入对宝石和装饰材料重要特征的观察。

首先，你需要有一些手段以便更有效地观察细节。

10×放大镜

在所有用于观察和鉴别宝石的仪器中，10×放大镜是用得最多的。

放大镜便于携带，价格便宜，有助于观察许多重要的和诊断性的特征。

不论材料是原石、成品或已镶的，也不论材料的大小、透明度或条件如何，都要用10×放大镜观察。

当试图鉴别某些已镶的材料或雕刻品等大件物品时，10×放大镜观察可能是唯一适用的方法。

10×放大镜的有效使用要求实践和经验以及良好的照明。

当用放大镜观察已镶和未镶的宝石以及装饰品和宝石原石时，笔式手电筒是非常宝贵的辅助工具。宝石擦布也是必不可少的，在擦净的宝石中看各种特征要容易得多。

现在你可注意观察宝石和它们的细微特征了。

10×放大镜和碧玺晶体
© Gem-A

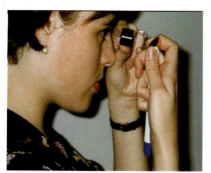

使用10×放大镜和笔式手电筒
© Gem-A

使用10×放大镜和镊子
© Gem-A

使用台灯、10×放大镜和镊子
© Gem-A

如果你是戴眼镜者，试试用10×放大镜时戴和不戴眼镜，看看哪个合适
© Gem-A

宝石观察指南

1. 使用 10× 放大镜的技巧

为何用 10 倍放大？

用 10 倍放大，你能：

（1）在宝石内部和表面看到许多鉴别特征；

（2）避免在高倍放大时出现的晃动问题；

（3）获得适当的视域并"找到你要找的东西"；

（4）保持宝石内部能充分聚焦（足够的景深）以便清楚地看到宝石的大部分。

1.1 怎样拿 10× 放大镜

最重要的是尽量避免晃动，这样你才能快捷地观察细节。为此，你要让眼睛、放大镜和物品彼此间保持固定的距离。

为保持眼睛、放大镜和物品彼此间的固定距离，时刻记住：

（1）将握放大镜的手贴在脸部；

（2）让双手相互接触；

（3）将两肘或前臂放松地靠在桌上或将肘部缩到桌边下。

样品不论是用手指还是用镊子夹住，其位置相对于眼睛要保持不动（试用不同类型的镊子，看哪一种对你合适——端部带沟的能更安全地夹住宝石，而细尖的则适用于小的宝石）。

宝石观察指南

当你掌握了这一严格而放松的操作方法后，找到表面特征和包裹体就容易多了。

你若是戴眼镜者，可戴着眼镜同时使用放大镜。

现在舒适地练习：

（1）记住要放松并均匀呼吸；

（2）转动宝石以便从不同角度观察，但不要偏离焦距；

（3）保持眼睛、放大镜和物品的固定距离（见第 9 页上的图）；

（4）如果你已多年使用放大镜，请按照本文所述认真地调整你的操作方法。你定会发觉，你能找到比此前任何时候所见都要多的特征。

你必须能够很好地观察宝石并注意到宝石表面和内部的细节。为此，特别重要的是使用好的照明以获取放大镜下最多的信息。

2. 用 10× 放大镜观察时怎样使用照明

主要的光源是：

（1）日光 —— 对检查宝石是很适用的。对于刻面宝石要避免使用直射的阳光，因为这会产生过多的反射，使宝石的内部特征看不清楚。阳光对显示星光和猫眼等光学效应是非常好的。

（2）手灯 —— 理想的是具点光源灯泡或白色发光二极管的笔式手电筒；

（3）台灯 —— 要有灯罩和宽的灯座。最好是配上明亮的灯泡；

（4）可调角度的台灯 —— 配上明亮的灯泡；

（5）日光管台灯 —— 可用于某些透明至半透明的宝石。专门的"白光"灯管用于钻石的分级。

宝石观察指南

注意：当使用毛玻璃灯泡或日光灯管时，某些光学效应，例如星光效应，有可能被漏掉。要改变光照和使用不同的背景以产生不同的照明效果。

笔式手电筒的使用方法：

（1）将刻面宝石用手指或镊子夹住或它原先就已镶在戒指或其他镶座上，使来自宝石背后的笔式手电筒的光直接对着你的眼睛。电筒和物品握在同一只手中。

（2）用肉眼仔细观察，而后用放大镜观察。使用本指南中相关的检验单。

十分小心地聚焦于物品的表面和内部特征，而不要聚焦于灯泡。灯泡可含玻璃所特有的旋涡状包裹体，这样你会把它们错当成物品中的包裹体。

练习这项操作。不要忘记改换光照和背景。例如：

（1）手持宝石和手电筒，让光从宝石的一侧进入。

（2）光依然是从宝石的一侧进入，但把宝石对着暗色背景，如暗色幕布或暗的过道。仔细观察宝石的表面和内部特征。记录你的观察结果并对照检验单。

（3）将宝石对着亮的背景，例如窗户。不同的表面和内部特征立刻变得明显了。

（4）将一张薄纸放在光的上方以产生漫射光。

（5）任何时候都要转动宝石，从所有可能的方向进行观察。

（6）为确认是宝石的内部特征，可将宝石从灯光前缓慢移过并进行观察。如果看到的特征保持不变，那么这些特征是属于灯泡和纸张表面的。稍稍抬起宝石或将宝石从灯光前缓慢移过并进行观察，将可避免出现混淆。

宝石观察指南

（7）对于装饰品或已镶的宝石，这种操作方法可能有一定困难。然而，要坚持这样做，否则你可能会漏掉重要的或诊断性的内部特征和光学效应。

（8）包括商店、市场或矿区等在内的各种条件下，都要尝试采用不同的照明方法。

（9）用不同的宝石练习观察方法，包括已镶和未镶的、刻面的、原石、弧面的、装饰品和其他物品。

当练习操作时，要学习怎样记录你的观察结果。

（1）对所观察到的每个特征作出一个短的报告式样的说明；

（2）凡可能时用铅笔画出所见特征的素描图——这可节省许多时间。例如，练习画特征的包裹体。

确保你记下了宝石内部所有主要特征和绕宝石外表面的所有主要特征。

宝石观察指南

重要宝石材料清单

宝石学基础课程大纲中包括的天然无机宝石材料有：

绿柱石	石榴石	石英
金绿宝石	堇青石	尖晶石
刚玉	翡翠	坦桑石
钻石	软玉	托帕石（黄玉）
长石	欧泊（蛋白石）	碧玺（电气石）
萤石	橄榄石	锆石

宝石学基础课程大纲中包括的有机宝石材料有：

琥珀	珊瑚	牙质
煤精	贝壳	龟甲

（这些宝石在宝石学基础课程大纲的第 13 章和第 14 章）

补充的宝石材料：只要求知道这些宝石最重要的鉴别特征。

红柱石	青金岩	方钠石
磷灰石	孔雀石	锂辉石
方解石	黄铁矿	块滑石
天然玻璃	菱锰矿	绿松石
石膏	蔷薇辉石	
赤铁矿	蛇纹石	

（这些宝石在宝石学基础课程大纲的第 18 章）

宝石观察指南

宝石材料按颜色的清单

表中所列的颜色是宝石材料的特征颜色。某些样品可具有表中未列出的颜色。

宝石材料	无色或白色	蓝色到紫色	绿色	红色到粉红色	黄色到褐色	黑色到灰色
琥珀					×	
红柱石			×		×	
磷灰石		×	×		×	
绿柱石各品种	×	×	×	×	×	
方解石	×		×	×	×	
金绿宝石			×	×		
刚玉各品种	×	×	×	×	×	×
立方氧化锆	×	×	×	×	×	
钻石	×	×	×	×	×	×
长石各品种	×	×	×	×	×	
萤石	×	×	×	×	×	
石榴石		×	×	×	×	×
天然玻璃			×		×	×
石膏	×				×	
赤铁矿						×
堇青石		×				
翡翠	×	×	×		×	×
煤精						×
青金岩		×				

宝石观察指南

续表

宝石材料	无色或白色	蓝色到紫色	绿色	红色到粉红色	黄色到褐色	黑色到灰色
孔雀石			×			
软玉	×		×			×
欧泊(蛋白石)	×	×	×	×	×	×
人造玻璃	×	×	×	×	×	×
橄榄石			×			
黄铁矿					×	
石英	×	×	×	×	×	×
菱锰矿				×		
蔷薇辉石				×		
蛇纹石			×		×	×
方钠石		×				
尖晶石	×	×		×		
维尔纳叶合成尖晶石	×	×	×		×	
锂辉石	×		×	×	×	
块滑石			×		×	
合成莫依桑石	×	×	×		×	
坦桑石		×				
托帕石(黄玉)	×	×		×	×	
龟甲					×	
碧玺(电气石)	×	×	×	×	×	×
绿松石		×	×			
锆石	×	×	×	×	×	

宝石观察指南

观察和放大观察的检验单

1. 所有材料的检验单

(1) 颜色——颜色的具体色调和深度，色斑和颜色变化；不同方向的不同颜色，例如绿色碧玺；颜色效应，例如欧泊或月光石。

(2) 透明度——有多少光能透过宝石。透明的，例如钻石；半透明的，例如玉髓；不透明的，例如煤精。

(3) 光泽——宝石的表面光辉。例如见于钻石的金刚光泽；见于绿松石的蜡状光泽；见于琥珀的树脂光泽；见于解理表面的珍珠光泽。

(4) 内反射效应——由宝石表面以下的特征所导致。例如月光石或珍珠中的反射效应，还有猫眼效应和星光效应等。

(5) 表面特征——原石表面所见的条纹和生长标志；成品宝石和装饰品上的抛光标志；解理表面上的"阶梯"；棱的锐度和损伤等。

(6) 内部特征——固体、液体和气泡包裹体；直的或弯曲的色带或包裹体带；裂缝或解理缝；当橄榄石和锆石等宝石从一定方向观察时所见到的光学重影效应。小心不要把灯泡玻璃中的包裹体写入报告。

2. 原石材料的检验单

(1) 形状（破碎的、圆化的、晶面）；

(2) 晶体对称性、晶形和习性（如能见到的话）；

(3) 表面特征（条纹和其他生长标志、蚀痕）；

绿柱石晶体
© Gem-A

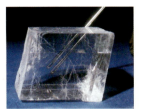

方解石的菱面体解理块，展示其双折射
© NHM, London

金绿宝石三连晶及碎块
© Gem-A

双锥状和板状刚玉晶体
© Gem-A

不均匀生长的钻石八面体
© DTC

穿插生长的萤石立方体碎块和八面体解理块
© Gem-A

石榴石晶体，展示菱形十二面体和四角三八面体习性
© Gem-A

橄榄石晶体
© Gem-A

黄铁矿的立方体、穿插生长的立方体和五角十二面体晶体
© Gem-A

宝石观察指南

(4) 结构、条带、材料中的各种变化（如在多晶质原石中）以及基质（脉石）中的宝石材料。

(5) 掂重（看不到，但却非常有用）。

宝石原石材料的一些重要特征：

材　料	常见的晶体特征
绿柱石 （六方晶系）	六方柱单形 柱状习性，有时为长柱状。蚀痕可揭示对称性 颜色——蓝色、绿色、黄色、无色和粉红色 （图示：轴面单形、轴面上的蚀坑为六边形、六方双锥单形、柱面上的蚀坑为长方形、六方柱单形、柱状习性）
方解石 （三方晶系）	将单晶放在印有字的纸上，可容易地看到双折射。明显可见的三组解理方向。常有初始解理显示的晕彩及解理面上显示的珍珠光泽 当用10×放大镜观察时，在大理岩的方解石颗粒中可见到这些解理特征 表面常布满划痕和小的解理 颜色——各种各样，常见无色的 （图示：阶梯状晶面标志、解理裂缝、"解理菱面体"、双折射重影）

17

宝石观察指南

材　料	常见的晶体特征
金绿宝石 （斜方晶系）	常有轴面（平行双面）靠具条纹的"六方的"角和内凹角可识别出三连晶 光泽可很明亮 在表面和内部可看到以条纹形式显示的聚片双晶 颜色——褐色、黄色、红色到绿色 三连晶呈"假六方"习性 板状晶体碎块
刚玉 （三方晶系）	红宝石常具板状习性：短的柱面和小的菱面体面。蓝宝石常呈长而陡的双锥体，有时为"桶状" 可具有能说明三方对称性的色带和纤维状包裹体 轴面（平行双面）常具有能揭示三方对称性的三角形生长标志 常显示非常明亮的玻璃光泽，有时稍显金属状外观 板状习性　轴面上的三角形生长标志 双锥习性 菱面体面 柱面上的双晶纹 双锥面上的横纹 六边形色带 双锥习性 桶状晶体 双锥面上的横纹 颜色——红色、粉红色、紫色、蓝色、绿色、黄色、白色和褐色

18

宝石观察指南

材 料	常见的晶体特征
钻石 （立方晶系）	八面体和十二面体是最常见的单形。八面体常有"三角凹痕"标志。有一些更复杂的晶形，并常具圆化的晶面 三次对称方向通常可察觉 三角薄片双晶可在角顶显内凹角 具金刚光泽 八面体　　三角凹痕　　表面纹理 弯曲晶面　　不均匀生长　　菱形十二面体 三角薄片双晶 内凹角　　青鱼骨刺纹　　不均匀生长和弯曲晶面 颜色——各种颜色，但通常是无色到黄色和褐色
长石 （单斜晶系）	大多数原石是碎块状的，显示两个解理方向 无色，浅蓝或黄色或淡肉红色 玻璃光泽，解理面上可显珍珠光泽。有些晶体或碎块显示出由特定晶面取向产生的晕彩状内反射效应（在月光石和拉长石中最明显） 解理裂缝

宝石观察指南

材　料	常见的晶体特征
萤石 （立方晶系）	大多数晶体具立方体单形，常有方形的阶梯状生长标志 暗淡玻璃光泽 大多数晶体有解理缝，许多立方体有截切立方体角顶的解理面。这种完全的八面体解理使得经常有可能制做并销售显示4个解理方向的"解理八面体"形状。色带和生长带通常平行于立方体面方向 立方体单形　　　　解理八面体 萤虫八面体解理面上的阶梯状晶面标志和解理缝 颜色——各种颜色，但通常为无色、紫色和黄色
石榴石 （立方晶系）	几乎所有晶体都是菱形十二面体或四角三八面体单形。不均匀的生长会导致误认，但三次对称轴通过训练可看出 可看到定向的纤维状包裹体 颜色变化从黑色经褐色、红色到各种淡色 明亮玻璃光泽 常见这两种单形的聚形 菱形十二面体　　　　四角三八面体
橄榄石 （斜方晶系）	斜方柱，横截面呈菱形 玻璃光泽。常破裂或磨圆并具暗淡玻璃光泽或油脂光泽 非常明显的双折射 垂直斜方柱　　斜方柱 　　　　　　　侧轴面 横截面

宝石观察指南

材 料	常见的晶体特征
黄铁矿 （立方晶系）	黄铜色的立方体、八面体和五角十二面体单形 常有晶面条纹。相邻晶面上的条纹总是相互垂直 沿晶棱和角顶常有因脆性破裂而产生的缺口 密度大。金属光泽
石英 （三方晶系）	六方柱单形有非常发育的垂直 c 轴的条纹。通常有两个菱面体单形，看上去像一个双锥；除非这两个菱面体不均匀发育，否则将难于看出三方对称性。晶体通常是一头大一头小 紫晶常显示色带和生长带 *c* 两个菱面体单形的晶面 特征的横截面 柱面上的横纹 水晶的不均匀生长 柱状习性 颜色——各种颜色，但通常为无色、紫色、黄色和褐色
尖晶石 （立方晶系）	通常以八面体单形出现。晶面可很平坦，像似抛光过。晶面上有时有三角形生长标志或三角形蚀痕 明亮玻璃光泽 双晶大都很扁，像崩了角的三角形。角顶常有小的内凹角 八面体习性 尖晶石八面体面上的蚀痕 尖晶石双晶显示内凹角和扁平三角形习性 颜色——粉红色、红色、紫色和蓝色

宝石观察指南

材　料	常见的晶体特征
坦桑石 （斜方晶系）	虽然找到的坦桑石大都为碎块，但也找到过晶体。它们通常是横截面大致为长方形的柱状晶体。一些晶面上有条纹 晶体常一端破裂 玻璃光泽。可有明显的多色性 （图示标注：斜方柱、轴面、断口） 颜色——蓝到紫色
托帕石（黄玉） （斜方晶系）	主要的斜方柱单形通常是长的并常有条纹，有时条纹很深。横截面通常为菱形 解理常见于内部，也表现为外部破裂。完全解理，并只在一个方向：垂直于 c 轴的方向 （图示标注：底轴面、解理缝、斜方柱、侧轴面、底面解理、横截面、柱状习性，通常一端或两端终止于解理面） 颜色——无色、黄色、橙粉色、褐色和蓝色

石英晶体
© Gem-A

水蚀托帕石晶体
© Gem-A

碧玺晶体
© Gem-A

锆石晶体
© Gem-A

珊瑚枝状体
© Gem-A

象牙，展示交叉线图案
© Gem-A

已加工的煤精
© Gem-A

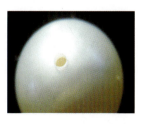

从养殖珍珠的钻孔下视图
© Gem-A

贝壳浮雕
© Gem-A

条带状方解石
© R Huddlestone

崩口的赤铁矿珠子
© Gem-A

青金岩（左）和方钠石
（右）弧面宝石
© Gem-A

孔雀石
© Gem-A

雪花黑曜岩
© Gem-A

虎睛石
© Gem-A

菱锰矿（左）和蔷薇辉石
（右）的弧面宝石
© Gem-A

鲍文玉雕件
© Gem-A

绿松石
© Gem-A

宝石观察指南

材 料	常见的晶体特征
碧玺（电气石）（三方晶系）	三方柱通常是长的并有深的条纹。横截面为凸圆三角形 分带性大都遵循三方对称性 一些晶体沿伸长方向有颜色变化 *c* 锥面 三方柱，有纵向深纹 横截面 垂直 *c* 轴的"波纹状"裂缝 凸晶面 破裂端显示平滑或贝壳状断口 常见"西瓜"色带 柱状习性 颜色——各种颜色，但通常为绿色、黑色、褐色和粉红色
锆石（四方晶系）	正方或长方形截面的四方柱可以是长的或很短的。与四方双锥相组合，表现为简单的柱状习性 极明亮玻璃光泽到金刚光泽，即便在一些严重磨蚀的晶体上也可看到 晶棱常因许多小的破裂而出现缺口 双锥面 四方柱 柱状习性 特征的横截面：柱面相互垂交 颜色——褐色和蓝色

宝石观察指南

3. 成品宝石的检验单

（1）基本形状和琢型——例如刻面型和弧面型，圆形和椭圆形；

（2）切磨的对称性。

一些常见琢型

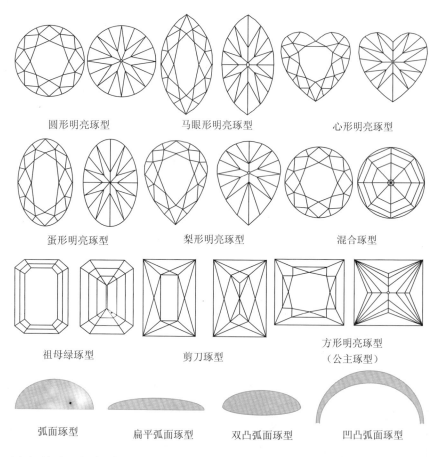

圆形明亮琢型　　马眼形明亮琢型　　心形明亮琢型

蛋形明亮琢型　　梨形明亮琢型　　混合琢型

祖母绿琢型　　剪刀琢型　　方形明亮琢型（公主琢型）

弧面琢型　　扁平弧面琢型　　双凸弧面琢型　　凹凸弧面琢型

以上所示只是各种琢型中的一小部分。

3.1 宝石的外部特征

（1）刻面的损伤和状况 —— 划痕、缺口和刻面棱的锐度。

（2）表面变化—— 表面瑕疵，伸到表面的包裹体。

（3）切磨质量—— 刻面的接合和对称性，人造玻璃宝石上的铸模痕。

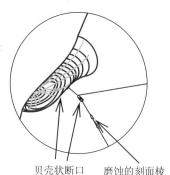

贝壳状断口　　磨蚀的刻面棱

（4）抛光 —— 因快速和劣质抛光产生的火痕。

（5）纹理或结构—— 由不同的明亮度、颜色或抛光度显示出。

（6）断口面的性质和初始解理的特征。

（7）拼合石的检测 —— 接合面和光泽变化。

（8）宝石处理的表面证据—— 包括染色（染剂在裂缝和粒间浓集）、涂层、注油、玻璃充填、浸蜡、灌注树脂和聚合物等处理方法。

（9）凹坑 —— 出现在热处理宝石的表面和腰棱上。

3.2 宝石的内部特征

对包裹体和其他内部特征的研究是特别重要的。这有助于宝石学家：

（1）鉴别宝石种。一些类型的包裹体对某些宝石种是典型的，例如翠榴石中的纤维状包裹体，或碧玺中的发状液体包裹体。

（2）区分天然和合成材料，如维尔纳叶合成刚玉中有弯曲条纹。

（3）鉴别宝石的处理，例如染色材料裂缝中有染剂。

3.2.1　天然材料

（1）晶体、负晶孔洞、两相或三相包裹体、针状体或生长管。

宝石观察指南

某些宝石中见到的内部特征

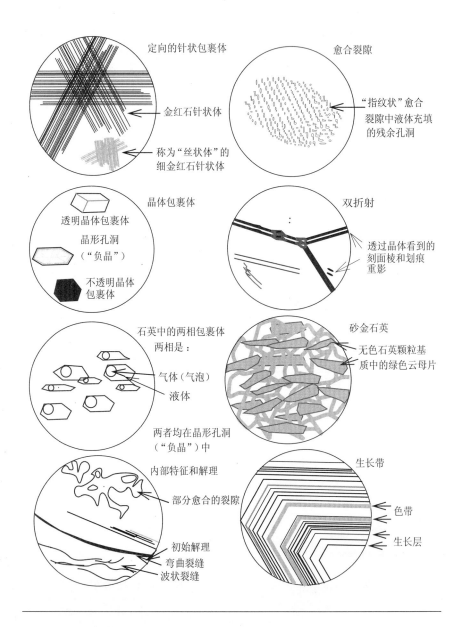

海蓝宝石中的雨状包裹体
© P Daly

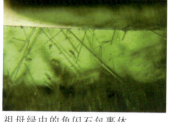

祖母绿中的角闪石包裹体
© P Daly

祖母绿中的黄铁矿包裹体
© GTL

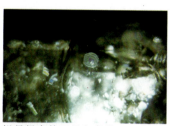

祖母绿中的云母包裹体
© P Daly

祖母绿中的方解石包裹体
© P Daly

祖母绿中的两相包裹体
© GTL

祖母绿中的三相包裹体
© P Daly

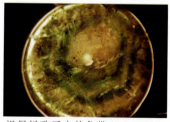

祖母绿珠子中的色带
© D Garrod

蓝宝石中的金红石包裹体
（丝状体）
© P Daly

红宝石中的一水软铝石包裹体
© P Daly

红宝石中的晶体包裹体
© GTL

蓝宝石中带晕圈的石墨包裹体
© D Garrod

蓝宝石中的两相包裹体
© D Garrod

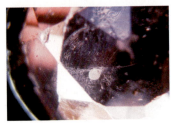

红宝石中的晶体包裹体和羽状体
© P Daly

蓝宝石中的直色带
© P Daly

红宝石中的角状色带
© GTL

钻石亭部中的羽状体
© P Daly

钻石中的晶体包裹体
© GTL

钻石中的矿物包裹体
© GTL

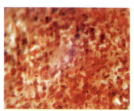

日光石中的针铁矿或赤铁矿片状包裹体
© D Garrod

有钛铁矿包裹体的弧面型拉长石
© P Daly

翠榴石中的纤维"马尾"状包裹体
© Gem-A

橄榄石中环绕小晶体包裹体的张性裂隙
© D Garrod

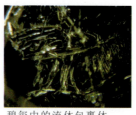

碧玺中的流体包裹体
© P Daly

锆石,展示刻面棱重影、矿物着色的羽状体和磨损的刻面棱
© P Daly

切磨的水晶,展示单个的针状矿物包裹体的反射像
© D Durham

具赤铁矿底和金红石针状包裹体的水晶
© M N de Regt

石英中的电气石包裹体
© P Daly

石英中的铁矿物包裹体
© D Garrod

石英中的黄铁矿包裹体
© R Schlüssel

石英中的两相包裹体
© D Garrod

石英中的绿色云母片状包裹体
© D Garrod

苔玛瑙中的绿色树枝状包裹体
© P Daly

(2) 裂隙、部分愈合裂隙或羽状体（羽状裂隙）和指纹状包裹体。解理和初始解理。

(3) 生长面，颜色分布和分带性，双晶面。

(4) 双折射——刻面棱、划痕和包裹体的重影。

(5) 双晶：页片双晶面；双晶条纹。

(6) 内反射效应。

3.2.2 处理的证据

(1) 处理的表面证据：染剂在裂缝和粒间的浓集。涂层、注油、浸蜡、树脂和聚合物充填剂。

(2) 玻璃充填的宝石会在延伸到表面的裂缝处显示出光泽的差别。

(3) 在钻石的玻璃充填裂缝和祖母绿及其他宝石的树脂充填裂缝中看到的晕彩闪光效应。

(4) 热处理过程中圆化的晶体及被吞并到相邻的部分愈合裂隙中的圆化晶体。

(5) 断续的丝状体——受热处理影响的金红石针状体。

(6) 加热后出现的环绕包裹体的盘状应力裂缝，如热处理琥珀中的"太阳光芒"裂缝。

(7) 扩散处理的宝石可显示颜色在刻面棱、延伸至表面的包裹体以及裂缝中的浓集；还可在刻面棱和腰棱上显示凹坑。

(8) 钻石中的激光孔道。

宝石观察指南

3.2.3 玻璃和塑料

（1）铸模痕：圆的刻面棱和环绕腰棱的模缝飞边。

（2）气泡被切磨后留下的表面圆坑。

（3）气泡和旋涡纹。

（4）因材料软而出现的刻划痕和细磨蚀痕。

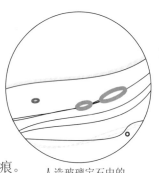

人造玻璃宝石中的气泡和旋涡纹

3.2.4 合成宝石材料

（1）维尔纳叶合成或焰熔法——弯曲生长线。这些生长线可以是透明的或有颜色浓集，气泡、微小气泡组成的云状体以及尘粒的云状体。

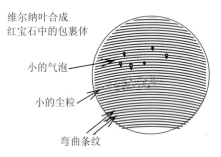

维尔纳叶合成红宝石中的包裹体
小的气泡
小的尘粒
弯曲条纹

（2）助熔剂法合成的——含熔剂小滴的部分愈合的裂隙（羽状体）。其外观可不同，从极具金属外观的羽状体到束状扭曲的面纱（云翳）。它们可呈浅黄色/橙色或稍带白色。有铂金属的片晶和针状体。

（3）水热法合成的——波状生长构造，即"锯齿纹"或"热雾"效应。熔剂的羽状体。两相和三相包裹体。

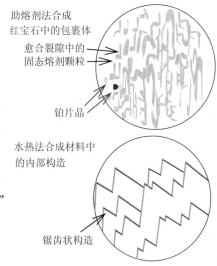

助熔剂法合成红宝石中的包裹体
愈合裂隙中的固态熔剂颗粒
铂片晶

水热法合成材料中的内部构造
锯齿状构造

染色的裂纹石英
© P Daly

染色翡翠
© GTL

热处理琥珀,展示"太阳"光芒
© GTL

红宝石中受热改变的两相包裹体
© GTL

裂隙充填钻石中的粉红色闪光
© L Stather

裂隙充填钻石中的绿色闪光
© L Stather

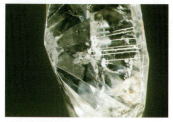

激光打孔的钻石
© DTC Research

玻璃充填的红宝石,展示光泽的差异
© D Garrod

焰熔法合成红宝石中的
弯曲纹
© P Daly

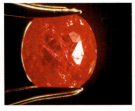

碎裂的焰熔法合成红宝石
© GTL

助熔剂法合成蓝宝石中
的直带和熔剂包裹体
© P Daly

助熔剂法合成蓝宝石中的
粗粒熔剂包裹体
© GTL

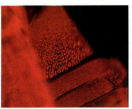

助熔剂法合成红宝石中的
熔剂羽状体
© GTL

粉红色助熔剂法合成蓝
宝石中的铂片晶包裹体
© P Tuovinen

助熔剂法合成祖母绿中的
熔剂羽状体
© P Daly

助熔剂法合成祖母绿中的
束状面纱状熔剂包裹体
© P Daly

水热法合成祖母绿中的
生长特征
© P Daly

3.2.5 拼合宝石材料

（1）拼合刻面宝石的接合面可在宝石的冠部一侧，也可沿腰棱或在宝石的亭部一侧。在两种不同材料的接合处，你会看到光泽或颜色的差别。

（2）要知道，光泽也可能并无差别。因为二层石/三层石的顶部和底部可能是同一材料，例如天然绿色蓝宝石的顶和合成蓝色蓝宝石的底，或无色合成尖晶石的顶和底和居中的导致颜色的有色胶。

（3）两种材料接合面上的扁平气泡和干缩的胶。

（4）组成材料中不同的包裹体和颜色。

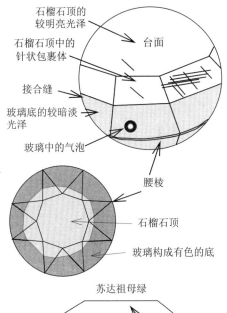

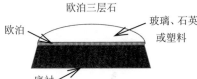

3.3 已镶宝石和装饰品的观察方法

当检查已镶在首饰上的宝石或检查装饰品如雕像和小盒的组成材料时，对观察方法做下述调整会有帮助：

（1）从上方，如可能的话，也从下方或从侧面用直射光照射已镶的宝石，以便用10×放大镜检查其表面和内部。

(2）镶座可能掩盖了拼合石的特征。注意顶部和底部在光泽和磨损程度上的差别。

(3）注意一组相同宝石中的颜色变化；这能指明有过磨损或置换。

(4）雕件细部的锐度和抛光质量能表明材料的耐久性。

玻璃，具圆刻面棱、表面抛光线和气泡
© Gem-A

"合成"欧泊
© P Daly

酚醛塑料（电木）珠仿琥珀
© GTL

仿制珍珠的钻孔
© GTL

欧泊三层石
© P Daly

石榴石为顶的二层石，展示接合部光泽的差别
© GTL

戒指上的红宝石二层石
© GTL

天然绿色蓝宝石冠部和合成红宝石亭部组成的红宝石二层石
© D Garrod

宝石观察指南

编写观察报告

在编写报告时需记下所有必要的观察。确保已记录了你被要求观察的所有特征。你也可能只被要求报告宝石材料的某些特殊的特征。

报告通常还包括对鉴别有帮助的其他一些内容,如重量和尺寸。

克拉重

大多数宝石以国际认可的重量单位——克拉作为称重单位。较大的装饰材料和某些宝石原料也可用克、千克或其他单位表示重量。

大多数未镶宝石的重量是用克拉秤度量的。其精确度通常到小数点后第二位或第三位。前者对大多数交易已是足够的了。

克拉用 ct 表示。1ct = 0.2(1/5)g(克);   5ct = 1.0 g

尺寸

成品宝石也用以 mm 为单位的尺寸来描述,如 6mm 的圆形明亮琢型宝石,7×9mm 的蛋形弧面宝石。以特定、常用尺寸切磨和销售的宝石被称为"calibrated"(按尺寸分开销售的)。

宝石的大致尺寸可用标准的 mm 刻度尺来度量,这也包括已镶的宝石。然而,如要更精确度量,就必须使用度盘量规或数显量规来度量成品宝石的长度、宽度和深度。

对于原石材料,在观察报告中可以 mm 或 cm 为单位给出大致的尺寸,例如"2cm 长的绿柱石晶体"。

宝石观察指南

观察报告

例 1

假设交给你一个戒指,上面包镶了一粒绿色的 8×10mm 的蛋形刻面宝石。

特定要求你指出用 10× 放大镜看到的所有内部特征。假设这是一粒橄榄石。你可写出如下的观察报告:

亮绿色透明的蛋形混合琢型宝石。玻璃光泽。

大致为 8×10mm。

无明显的表面划痕,但刻面棱上有一些小的缺口。

内部特征和包裹体:后部刻面棱的重影;伴有圆形应力裂缝的暗色包裹体;小的暗色矿物包裹体。

如果要求你说出可能的鉴定结果,你可写出观察表明:

结论:橄榄石

为确认观察结果而可能需要的进一步测试:用分光镜确定是否有橄榄石的特征光谱;用折射仪检查 RI。

注意:因为是已镶的宝石,故未提供重量。如要求,可通过计算给出。

例 2

假设提交给你一颗有晶面的原石,并要求你给出鉴定意见。

特定要求你说出用肉眼和 10× 放大镜看到的所有外部特征。假设这是一颗有不均匀横截面的石英。你可写出如下的观察报告:

无色透明晶体,具玻璃光泽。

宝石观察指南

大致为 10×30mm 的柱状晶体，具变形的六边形横截面。

一端终止于菱面体，另一端不均匀破裂。

在柱面上可看到横向的平行条纹。在菱面体面上可看到某些磨损。

三方晶系。

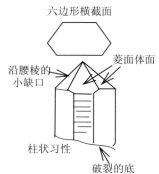

包裹体：靠破裂一端有云状包裹体，近中心部分有部分愈合的裂隙。

结论：水晶，石英。

注意：未提供原石的重量。如果有天平可用，也可在报告中加上重量。

例 3

提交给你一粒刻面的蓝色宝石，要求你报告观察结果和可能是什么宝石品种的意见，还要你说出为确认鉴定结果所必须进行的测试。

蓝色的蛋形混合琢型宝石。透明，具明亮玻璃光泽。

大致 6×8mm。

相当锐利的刻面棱。无明显划痕，但在亭部刻面上可见到平行的抛光线。

包裹体：透过台面可看到弯曲的条纹。

可能的品种：维尔纳叶合成蓝宝石。

确认品种所需进行的测试：用折射仪确定是刚玉，用显微镜确定包裹体。

宝石观察指南

显 微 镜

宝石显微镜的主要用途是放大观察宝石材料的外部和内部特征，其中有些特征用10×放大镜不能清楚地分辨和观察。

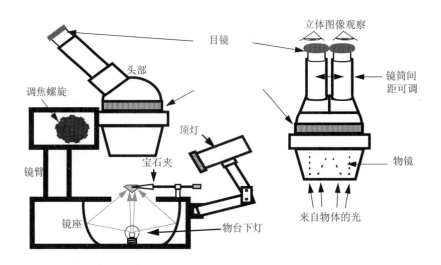

双目实体变焦宝石显微镜

宝石显微镜有足够的供操作的工作距离，这使你能方便地转动宝石、首饰或原石手标本以观察各种细节。宝石夹子使你能方便地转动较小的宝石。然而，为确保能看到宝石的各个部分，在检测时要不止一次地改变夹子夹宝石的位置。一定不要只从一个方向观察。

靠旋转镜头转盘或变焦调节装置来改变放大倍数。如果显微镜是固定在铰合镜座上，可将显微镜朝观察者倾斜，这样更方便观察。

宝石显微镜的使用
© Gem-A

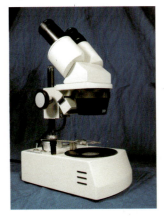

小型宝石显微镜
© Gem-A Instruments

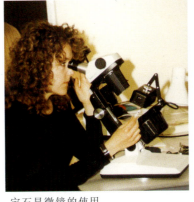

英国宝石协会具内标尺的折射仪
© Gem-A Instruments

具外标尺的折射仪
© Gem-A Instruments

宝石观察指南

1. 照明类型

为能最佳地使用宝石显微镜，恰当的照明是基本的。可使用三种类型的照明：**亮域照明**、**暗域照明**和**顶部照明**。

亮域和暗域照明都属于透射照明类型，对透明到半透明宝石最有用。然而，要照射包裹体则以暗域照明为最佳。

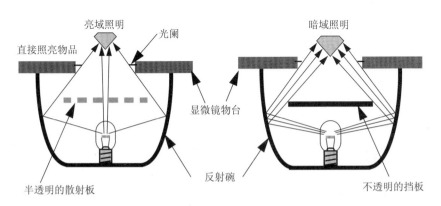

顶部照明适用于检查不透明的宝石，也用于检查透明和半透明宝石的表面特征。许多现代的宝石显微镜配备有顶光源。用光纤灯、台灯或笔式手电筒也能方便地提供顶部照明。

宝石观察指南

折 射 仪

对许多有平坦抛光面的宝石,能用折射仪来确定:

(1)宝石是光学各向同性的(单折射的)还是各向异性的(双折射的)。

(2)各向同性宝石的折射率。

(3)各向异性宝石的最高和最低折射率及各向异性宝石的双折射率。

1. 折射仪的使用

全内反射(TIR)型折射仪有一个高折射率玻璃台,它很软,操作时要非常小心,避免玻璃台表面受损。

实践中发现,大多数宝石材料的折射率(RI)的变化范围是非常有限的,它们的光学性质也变化不大。

(1)检查光源是否正确。若使用白光,将看到宽的彩虹状的阴影边界;使用单色光或滤光片,可获得明晰的阴影边界。

(2)有些型号的折射仪有外部的单色光源,另一些型号的则配有固定的单色滤光片,可与外部的钨丝台灯或光纤灯配合使用。

(3)折射率(RI)读数的上限取决于接触液的折射率,通常是在 1.78 到 1.81 的范围内。

(4)将一小滴接触液滴在折射仪玻璃台上。透过目镜观察接触液折射率的阴影边界。注意不要让液体接触皮肤和眼睛。

(5)选择适合测试的刻面 —— 平坦的抛光面。

(6)将宝石慢慢地推向玻璃台。

宝石观察指南

（7）设法保持宝石居中于该位置，还要设法使自己的眼睛在获取所有读数时都保持同样的位置。

（8）透过目镜观察宝石的阴影边界，并用手指转动宝石。

（9）转动宝石360°，注意一条或两条阴影边界的移动情况。

（10）如你只能看到一条阴影边界（接触液的阴影边界除外），宝石可能是各向同性的（单折射的）。

（11）如你能看到宝石的两条阴影边界，宝石是各向异性的（双折射的）。记下最高和最低折射率值。

（12）一旦你获得了最高和最低折射率读数，将两者相减，你就可获得双折射率。

（13）在旋转宝石一圈，即360°的过程中，最高和最低折射率读数通常并不出现在同一取向上。

（14）错误的结果——对于各向同性宝石，有可能把接触液的阴影边界错当成宝石的第二条阴影边界。要单独检查接触液的阴影边界。

（15）"负读数"——如果宝石的折射率高于接触液的，折射仪的标尺整体呈朦胧亮。出现这一情况时，宝石的折射率应该高于接触掖的折射率。

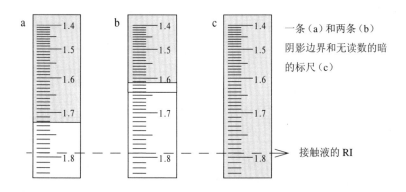

一条（a）和两条（b）阴影边界和无读数的暗的标尺（c）

接触液的 RI

宝石观察指南

2. 折射率表

宝石种	光 性	大致折射率和通常范围	典型的双折射率
欧泊	各向同性	1.40 到 1.46	—
萤石	各向同性	1.43 到 1.44	—
人造玻璃宝石*	各向同性	1.50 到 1.70	—
长石	二轴晶	1.52 到 1.57	0.004 到 0.009
玉髓	（多晶质）	1.53 到 1.55	—
石英	一轴晶	1.54 到 1.56	0.009
堇青石	二轴晶	1.54 到 1.46	0.008 到 0.012
绿柱石	一轴晶	1.56 到 1.60	0.003 到 0.010
托帕石（黄玉）	二轴晶	1.61 到 1.64	0.008 到 0.010
软玉	（多晶质）	1.62	—
碧玺（电气石）	一轴晶	1.62 到 1.65	0.014 到 0.021
橄榄石	二轴晶	1.65 到 1.69	0.036
翡翠	（多晶质）	1.66	—
坦桑石	二轴晶	1.69 到 1.70	0.006 到 0.013
天然尖晶石	各向同性	1.71 到 1.74**	—
维尔纳叶合成尖晶石	各向同性	1.72 到 1.73**	
钙铝榴石	各向同性	1.73 到 1.75	
镁铝榴石	各向同性	1.74 到 1.76	
铁铝榴石	各向同性	1.76 到 1.81	
金绿宝石	二轴晶	1.74 到 1.76	0.008 到 0.010
刚玉	一轴晶	1.76 到 1.78	0.008 到 0.009
锆石	一轴晶	1.78 到 1.99	可达 0.059

* 玻璃的折射率变化很大。通常首饰用玻璃的变化范围如表中所示。
** 通常天然尖晶石的折射率大致为 1.717，而维尔纳叶合成尖晶石的折射率则大致为 1.727

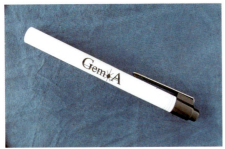

英国宝石协会提供的与10×放大镜和分光镜配套使用的笔式手电筒
© Gem-A

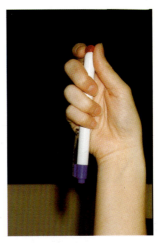

当分光镜用直射光时,将笔式手电筒放在宝石的背后
© Gem-A

可使用能弯折的光源(上图)或光纤灯(右图)作为光源
© Gem-A Instruments

英国宝石协会提供的棱镜式和衍射光栅式分光镜
© Gem-A Instruments

宝石观察指南

分 光 镜

分光镜是可快捷使用的小的手持式的仪器。它可用来测试透明的宝石材料,包括原石和碎块、成品宝石、珠串、镶在首饰上的宝石、装饰品和雕件。

透过分光镜观察纯白光可看到从红色到紫色的可见光谱。一些宝石材料在某种程度上改变了白光,而这有助于鉴别宝石。

借助于分光镜你能看到特征样式的暗线和带。每个样式被称为宝石材料的吸收光谱,或简称为光谱。请注意,并非所有的宝石材料都显示光谱。

有两种类型的宝石分光镜

(1) 衍射式分光镜——透过衍射光栅式分光镜看到的光谱,其波长呈均匀、线性分布。宝石学基础教程中提供的就是用这种分光镜产生的光谱。

(2) 棱镜式分光镜——透过棱镜式分光镜看到的白光光谱,与衍射光栅式分光镜相比较,其光谱色朝光谱的红端越来越靠拢,而朝光谱的蓝端越来越展开。

宝石观察指南

用衍射式分光镜和棱镜式分光镜看到的铁铝榴石的光谱：

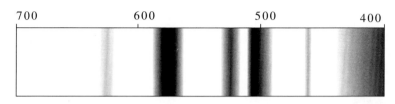

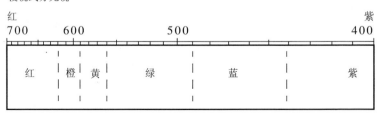

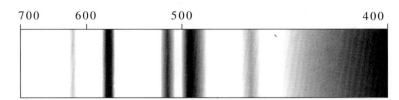

宝石观察指南

1. 分光镜的使用

（1）使用高亮度台灯、光纤灯或有高亮度灯泡的手电筒。

（2）反射光和透射光都要试试。

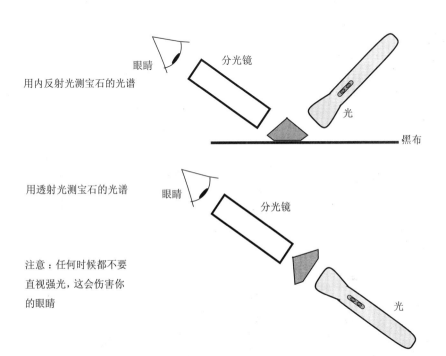

注意：任何时候都不要直视强光，这会伤害你的眼睛

2. 吸收光谱

下列光谱是用衍射光栅式分光镜观看到的，具线性尺度。光谱的红端在左边，紫端在右边。

所提供的是典型的光谱。但必须指出，会有一些变化。

注意：在基础宝石学考试中不要求具体波长。

宝石观察指南

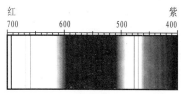

红宝石
亮蓝区中部有细线；红区有线并可能有发射线。黄绿区有宽带。

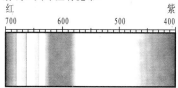

祖母绿
红区有吸收带，橙到黄区有吸收。

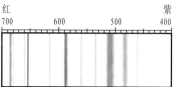

锆石
红区有线。常可见到许多线；有些样品可有多达40条的线。

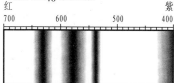

尖晶石，合成，蓝色（钴谱）
三个带，从左到右为"宽—宽— "。
蓝色钴尖晶石偶尔也显示这样的谱。

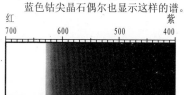

玻璃，红色（硒谱）
除红色外的其他颜色呈不同程度的普遍被吸,明显的吸收边。成为红色滤色镜。

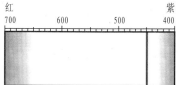

蓝宝石，天然，蓝色
蓝区有吸收线或窄带。有些蓝色蓝宝石有一条以上的带。

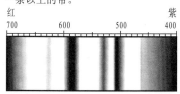

铁铝榴石
黄区吸收，绿区中部和蓝绿区有较窄的带。

橄榄石
在蓝和蓝绿区有三个带。在有些样品中，这些带具" 散的边"。

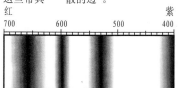

玻璃，蓝色（钴谱）
三个明显的带，从左到右为"最宽— —宽"。 深色样品中这几个带可能合并。

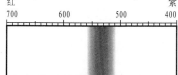

玻璃，红色（胶体金谱）
在古代贸易中被称为"红宝石玻璃"和"酸蔓果实色玻璃"。绿区有一个带。

红宝石

蓝色蓝宝石

祖母绿

铁铝榴石

锆石

橄榄石

钴致色维尔纳叶法合成尖晶石

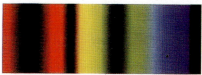

钴致色蓝色玻璃

硒致色红色玻璃

胶态金致色红色玻璃

宝石观察指南

偏 光 镜

偏光镜是一种简单的能快捷使用的仪器。它能用于检测透明的和一些半透明的宝石材料，包括原石、碎块、成品宝石、珠串、小饰品、雕件和已镶宝石，还能一次看几颗小宝石。

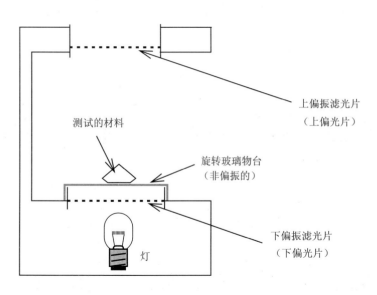

台式偏光镜断面图

当检测宝石时，两个偏振滤光片必须处在正交位置，也就是说，检测前应看不到光。

待测宝石放置在下偏振滤光片之上的物台上，或用手指或镊子夹住，然后在正交偏光片间转动并观察。要在所有方向上转动宝石。这就是说，以台面朝下放置的宝石(这是通常的初始位置)，必须先在这个面上转动，而后还必须在各种取向上转动，这样才能避免漏掉光学信息。

宝石观察指南

偏光镜观察结果表

观察	结论	实例
在所有方向上转动360°始终是暗的	各向同性——非晶质或立方晶系	石榴石、尖晶石、人造玻璃、天然玻璃、萤石、钻石、欧泊、塑料
举例		
在大多数方向上每转动360°出现4明4暗	各向异性——一轴晶或二轴晶	绿柱石、金绿宝石、刚玉、长石、橄榄石、石英、托帕石、碧玺、锆石、坦桑石
举例		
在所有方向上转动360°始终是亮的	多晶质 某些双晶 某些二层石和三层石 异常内反射效应	翡翠、软玉、玉髓/玛瑙、双晶化蓝宝石、蓝宝石/合成红宝石二层石 萤石中解理的反射
举例		
宝石显异常消光效应	应变各向异性,通常在其他方面是各向同性材料	铁铝榴石、钻石、人造玻璃、天然玻璃、维尔纳叶合成尖晶石;某些塑料、琥珀、某些火欧泊
举例		

宝石观察指南

二 色 镜

用二色镜你能快捷地区分某些有色的宝石,即便它们是已镶的。这种测试通常只用于帮你决定进一步应采用什么测试,或作为一种辅助测试。

有两种类型的二色镜:方解石二色镜和偏振滤光片二色镜,如伦敦二色镜。总是采用直接透射光,不用顶光、反射光或日光。

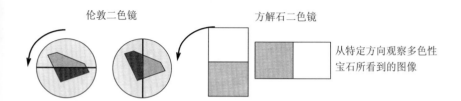

从特定方向观察多色性宝石所看到的图像

重要的是在观察时要转动宝石和二色镜。

下表中列出了常见宝石材料的典型多色性颜色。设法观察大多数这些宝石,既观察成品宝石,也观察宝石级材料的原石。

宝 石	基本体色	光学类型	典型的多色性
彩色碧玺	红色、绿色、蓝色、黄色	一轴晶;二色性	通常为颜色较深和较浅的差别和绿/褐或绿/黑色
金绿宝石深黄色或褐色	黄色	二轴晶;二色性或三色性	无色/淡黄/黄
托帕石深黄色	深黄色	二轴晶;二色性或三色性	黄/淡黄/粉红黄
金绿宝石——变石	日光下绿色;钨丝灯下红色	二轴晶;三色性	日光下绿/紫红/浅黄;钨丝灯下绿/橙/红

宝石观察指南

续表

宝　石	基本体色	光学类型	典型的多色性
绿柱石——祖母绿	绿色	一轴晶；二色性	蓝绿/黄绿
刚玉——红宝石	红色	一轴晶；二色性	红/橙红
绿柱石——海蓝宝石	蓝色	一轴晶；二色性	无色或淡蓝/天蓝或深蓝
刚玉——蓝宝石	蓝色	一轴晶；二色性	蓝/绿蓝
钒致色合成刚玉（"变石"仿制品）	日光下灰蓝到蓝紫色；钨丝灯红紫色	一轴晶；二色性	褐绿或浅黄/浅紫
堇青石	蓝色	二轴晶；二色性或三色性	紫蓝/淡蓝；淡黄或蓝/淡黄到近无色；或两种蓝色调
石英——紫晶	浅紫，红紫，紫	一轴晶；二色性	紫/红紫
坦桑石	蓝到紫色	二色性；二色性或三色性	处理的蓝色宝石常显深蓝/紫；未处理的常显三色性：蓝/绿黄或黄褐/紫
锆石 深蓝色	蓝色	一轴晶；二色性	无色/天蓝色

英国宝石协会提供的台式偏光镜（左图）和小型可折叠的偏光镜
© Gem-A Instruments

小型的扁平的日光灯对可折叠的偏光镜和伦敦二色镜都是适用的光源
© Gem-A Instruments

伦敦二色镜和方解石二色镜
© Gem-A Instruments

紫外灯和观察暗箱
© Gem-A Instruments

英国宝石协会提供的查尔斯滤色镜
© Gem-A Instruments

宝石观察指南

查尔斯滤色镜

下表列出了查尔斯滤色镜（CCF）下看到的某些效应。

查尔斯滤色镜可有以下用途：

（1）帮你将混装包内的有色宝石分开。

（2）使你能检出处理的、拼合的和合成的材料。

（3）帮你察觉首饰或珠串中的奇怪宝石。

（4）作为鉴定宝石品种的指南。

使用滤色镜一定要得到后续的确定性测试的支持。

设法观察一系列的宝石。可能的话，练习用滤色镜将一包包括海蓝宝石在内的小的淡蓝色宝石区分开。

查尔斯滤色镜的使用

将宝石放在一张白纸上。用明亮光源使光从宝石表面反射，但光又不能太满。按需要改变光照。将滤色镜贴近眼睛。

（1）查尔斯滤色镜的观察结果因宝石颜色的深浅而有所变化。

（2）如果宝石是由一种以上元素致色的，查尔斯滤色镜的观察结果还取决于不同致色元素的相对浓度。

（3）查尔斯滤色镜的任何观察结果都只能看成是一种指南，它们不是诊断性的。

宝石观察指南

查尔斯滤色镜观察结果表

检测的材料	查尔斯滤色镜下所见特征
蓝色宝石	
海蓝宝石	绿蓝色
玻璃和合成石英——钴致色	深红到粉红色
玻璃——铁致色	浅绿到灰绿色
大多数蓝宝石——天然和合成的	暗淡的绿色
尖晶石——天然的	浅红到灰绿色
尖晶石——合成的，钴致色	强红、橙粉红到粉红色
托帕石——人工辐照的和热处理的	淡肉红色到"无色"
绿色宝石	
绿玉髓	绿色
翠榴石	粉红到红色
祖母绿——天然或合成的	亮红或粉红到浅绿色
绿色玻璃	大多为暗淡的绿色，少数为浅红色调
翡翠	暗淡的绿色
翡翠——些染绿样品	可有浅红或粉红色调
苏达祖母绿	大多数显暗淡的绿色
红色宝石	
石榴石——亮红色镁铝—铁铝榴石	深灰到深红色
红宝石——天然的和合成的	红到极亮红色
红色玻璃	深红色或惰性

宝石观察指南

相对密度（比重）

一些宝石材料较其他宝石重，也就是说更为致密。因而，比较或度量相对密度（比重）有助于鉴别未镶的宝石。

"掂重"是凭借对宝石相对重量的手感估计的相对密度。

相对密度（比重）的测试可通过两种途径：度量和比较。

材料的相对密度（比重）值可通过把宝石浸入水中和用天秤度量的方法，即静水称重法获得。

材料的相对密度（比重）值也可用"重"或高密度液（也称比重液）进行比较来获得。这种方法用于不度量相对密度而可分开不同的宝石材料。

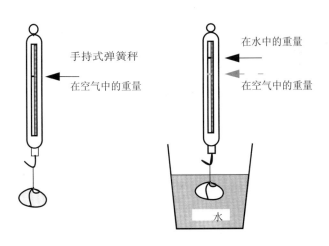

$$SG = \frac{在空气中的重量}{在空气中的重量 - 在水中的重量}$$

宝石观察指南

大致相对密度（比重）表

材　　料	相对密度
长石	2.56 到 2.75
堇青石	2.57 到 2.61
多晶质石英	2.6
单晶石英	2.65
绿柱石	2.65 到 2.80
软玉	2.8 到 3.1
碧玺（电气石）	3.0 到 3.1
萤石	3.0 到 3.2
坦桑石	3.15 到 3.38
翡翠	3.30 到 3.36
橄榄石	3.32 到 3.37
钻石	3.52
托帕石（黄玉）	3.5 到 3.6
尖晶石	3.58 到 3.61
维尔纳叶合成尖晶石	3.61 到 3.67
金绿宝石	3.71 到 3.75
钙铝榴石	3.4 到 3.8
镁铝榴石	3.7 到 3.8
铁铝榴石	3.8 到 4.2
锰铝榴石	4.1 到 4.2
刚玉（红宝石、蓝宝石）	3.80 到 4.05
锆石	3.9 到 4.8

宝石观察指南

紫 外 光

紫外（UV）光被广泛用于揭示发光效应。在宝石检测中使用两个波段的紫外光。

长波紫外光（LWUV）具 365nm 主波长
短波紫外光（SWUV）具 254nm 主波长

小心：

不可见辐射可能会伤害皮肤。当灯已打开后，不要把手放在灯下。不要用眼直视紫外光源，这会伤害你的眼睛。

紫外荧光的检测

当用紫外光检测时：

（1）彻底洁净待测宝石。

（2）将宝石放到一个黑色不反光垫板上。

（3）打开长波或短波紫外灯。

（4）在减弱周边光的条件下工作或使用遮光物。

在区分钻石和钻石仿制品过程中，紫外荧光效应特别有用。

材 料	SWUV	LWUV
钻石	通常较 LW 下弱	不同的反应，多为蓝色
无色玻璃	不同反应，可有垩白色表面，或呈惰性	惰性
立方氧化锆	黄到暗淡的杏黄橙色	同 SW 但较弱，或呈惰性
合成尖晶石	垩状，蓝/绿	惰性
锆石	惰性	褐黄色

宝石观察指南

常 数 表

宝石学基础课程考试时将为你提供这张常数表

材　　料	折射率（RI）	双折射率	相对密度（SG）
琥珀	1.54 左右	—	1.05 到 1.10
绿柱石各品种	1.56 到 1.60	0.003 到 0.010	2.65 到 2.80
金绿宝石	1.74 到 1.76	0.008 到 0.010	3.71 到 3.75
刚玉各品种	1.76 到 1.78	0.003 到 0.009	3.80 到 4.05
钻石	2.42	—	3.52
长石各品种	1.52 到 1.57	0.004 到 0.009	2.56 到 2.75
萤石	1.43 到 1.44	—	3.0 到 3.2
铁铝榴石	1.76 到 1.81	—	3.8 到 4.2
翠榴石	1.89 左右	—	3.8
钙铝榴石	1.73 到 1.75	—	3.4 到 3.8
镁铝榴石	1.74 到 1.76	—	3.7 到 3.8
锰铝榴石	1.79 到 1.82	—	4.1 到 4.2
堇青石	1.54 到 1.56	0.008 到 0.012	2.57 到 2.61
翡翠	1.66 左右	—	3.30 到 3.36
煤精	1.66 左右	—	1.3 左右
软玉	1.62 左右	—	2.8 到 3.1
欧泊	1.40 到 1.46	—	2.0 到 2.2
人造玻璃	1.50 到 1.70	—	2.0 到 4.2
橄榄石	1.65 到 1.69	0.036	3.32 到 3.37
单晶石英	1.54 到 1.56	0.009	2.65 左右
多晶质石英	1.53 到 1.55	—	2.6 左右
尖晶石	1.71 到 1.74	—	3.58 到 3.61
维尔纳叶合成尖晶石	1.72 到 1.73	—	3.61 到 3.67
坦桑石	1.69 到 1.70	0.006 到 0.013	3.15 到 3.38
托帕石（黄玉）	1.61 到 1.64	0.008 到 0.010	3.5 到 3.6
碧玺（电气石）	1.62 到 1.65	0.014 到 0.021	3.0 到 3.1
锆石	1.78 到 1.99	可达 0.059	3.9 到 4.8

这里给出的是折射率、双折射率和相对密度的典型变化范围。有些样品的数值超出所列范围。

以下空页供你练习用铅笔画图和做记录

宝石观察指南

宝石观察指南

用软铅笔练习画图和标注

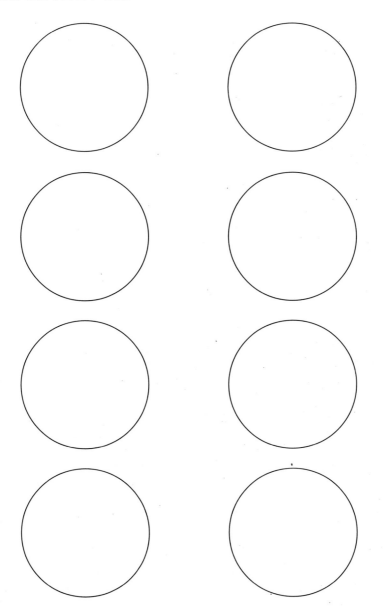

宝石观察指南

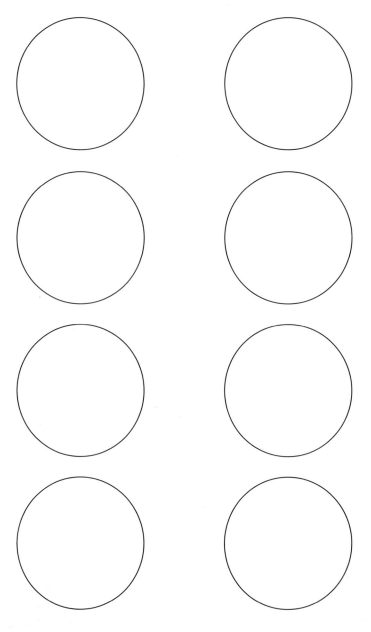

宝石观察指南

用本页和下页练习画光谱。用黑色的软铅笔效果最好。标出红端和紫端。

宝石观察指南

宝石观察指南

为获取基础宝石学证书所必需的实践环节确认表

学生姓名 _____

学号 _____

内　容	完成日期	指导教师姓名
10×放大镜观察		
编写观察报告		
显微镜		
折射仪		
分光镜		
偏光镜		
二色镜		
查尔斯滤色镜		
相对密度（比重）		
紫外光		

　　本页需由你的实践环节指导教师签字，确认你已完成为参加宝石学基础课程考试而在实践环节确认书中所要求的全部内容。

由英国宝石协会认可的指导教师 _____

指导教师号 _____　日期 _____

指导教师签名 _____

学生签名 _____

本表填好后请将此页剪下并邮寄或传真到：

　　Gem-A　Education Office
　　27 Greville Street，
　　London， EC1N　8TN
　　UK　　　　　　　　　　　　Fax：+44（0）20 74048843

3~6岁儿童学习与发展指南

中华人民共和国教育部 制定

CAPITAL NORMAL UNIVERSITY PRESS
首都师范大学出版社